SECOND MÉMOIRE

SUR

LES CHEVAUX

A TRENTE-QUATRE COTES

DES

ARYAS DE L'ÉPOQUE VÉDIQUE

Par C. A. PIÉTREMENT

PARIS

IMPRIMERIE DE E. DONNAUD

RUE CASSETTE, 9.

1873

SECOND MÉMOIRE

SUR

LES CHEVAUX A 34 COTES

DES ARYAS DE L'ÉPOQUE VÉDIQUE.

Paris. — Imprimerie de E. DONNAUD, rue Cassette, 9.

SECOND MÉMOIRE

sur

LES CHEVAUX

A TRENTE-QUATRE COTES

des

ARYAS DE L'ÉPOQUE VÉDIQUE

Par C. A. PIÉTREMENT.

PARIS

IMPRIMERIE DE E. DONNAUD,

9, RUE CASSETTE, 9.

—

1873

SECOND MÉMOIRE

SUR

LES CHEVAUX A 34 COTES

DES ARYAS DE L'ÉPOQUE VÉDIQUE.

Je n'ai reçu que vers la fin de juillet le numéro de février-mars 1872 du *Journal de médecine vétérinaire militaire*, dans lequel j'ai pu prendre connaissance de quelques-unes des remarques de M. le professeur Hering, de Stuttgart, traduites et commentées par mon ami M. le professeur André Sanson, relativement aux conclusions de mon 1er *Mémoire sur les chevaux à trentequatre côtes des Aryas de l'époque védique.*

Je serai toujours très-reconnaissant envers toutes les personnes qui voudront bien avoir l'obligeance de signaler les côtés faibles ou défectueux de mes écrits, d'autant plus qu'ayant pris ma retraite par anticipation, aussitôt qu'il m'a été possible de le faire, afin de me livrer exclusivement et en toute liberté à mes études favorites, j'aurai désormais tout le temps nécessaire pour donner de nouveaux développements aux parties de mes publications antérieures qui peuvent être restées obscures par trop de laconisme, ou pour rectifier celles qui pourraient en avoir besoin, tout en poursuivant de nouvelles recherches.

Je remercie donc sincèrement MM. Hering et Sanson du service qu'ils m'ont rendu, en me montrant que mes considérations purement historiques et philologiques sur les chevaux à trente-quatre côtes auraient besoin d'être étayées par des arguments d'un autre ordre pour obtenir l'assentiment général.

Aussi, prenant en considération ce qu'il peut y avoir de fondé dans cette assertion de M. Sanson, sur laquelle je reviendrai plus loin : « L'histoire naturelle des êtres organisés ne relève que de l'observation et de l'expérience, et ne se peut point faire avec de l'érudition seulement, » je vais essayer de prouver que l'observation et l'expérience sont ici en parfaite concordance avec l'histoire, et que cette concordance achève de démontrer la réalité du fait que j'ai énoncé, c'est-à-dire l'ancienne existence de divers types de chevaux domestiques, dont l'un était incontestablement caractérisé par la possession de trente-quatre côtes seulement.

Lors de la rédaction de mon premier mémoire, j'étais éloigné depuis plus de deux ans de ma bibliothèque et de tout grand centre d'étude des sciences naturelles. Aussi, pour montrer que l'existence de trente-quatre côtes et de dix-sept vertèbres dorsales, sur une race de chevaux, ne constituerait point un fait en dehors des lois de la nature, je m'étais contenté de citer les deux seuls exemples de variation dans le nombre des vertèbres dont il m'était alors possible d'indiquer la provenance avec exactitude : celui qui est signalé dans la première édition de l'*Anatomie des animaux domes-*

tiques, de M. le professeur Chauveau, et celui sur lequel M. Sanson s'est appuyé pour établir l'ancienne existence d'un type de chevaux à cinq vertèbres lombaires.

Toutefois, je savais dès lors qu'on a depuis assez longtemps observé beaucoup de faits analogues ; et mes loisirs actuels m'ont déjà permis d'en rassembler un nombre qui paraîtra sans doute suffisant pour légitimer la cause que je défends.

Il est inutile de revenir sur la présence des cinq vertèbres lombaires seulement, que l'on rencontre quelque fois sur des chevaux d'un certain type, puisque ce fait est, je crois, généralement admis depuis que M. Sanson en a fourni de nombreux exemples.

Mais il est nécessaire d'insister sur l'existence des dix-neuf vertèbres dorsales et des dix-neuf paires de côtes, qu'il n'est pas rare de rencontrer sur des chavaux bien constitués, comme M. Chauveau l'affirme dans la première édition de son *Anatomie*. Car, depuis la publication de mon premier mémoire, on m'a fait cette singulière objection : que l'affirmation de M. Chauveau ne constitue qu'une simple assertion dépourvue de tout document à l'appui, que jusqu'ici aucun anatomiste n'a fourni la preuve de l'existence sur aucun cheval de dix-neuf vertèbres dorsales avec dix-neuf paires de côtes, et que, par conséquent, il y a tout lieu d'en conclure que le fait n'a jamais existé.

Je vais donc prouver qu'on a véritablement constaté non-seulement ce fait, mais d'autres qui sont analogues, et dont l'un est d'une bien plus haute importance pour le sujet que je traite.

J'ai déjà indiqué, dans le *Journal de médecine vété-*

rinaire militaire, t. VII, numéro de janvier 1869, p. 478, que ces chevaux à dix-neuf paires de côtes ont déjà été signalés par Youatt, comme M. Charles Darwin le rappelle dans cette phrase relative au cheval :

« Le nombre habituel des côtes est de dix-huit, mais Youatt (*The Veterinary*, London, vol. V, p. 543) dit qu'il n'est pas rare d'en rencontrer dix-neuf de chaque côté, la surnuméraire étant toujours la dernière postérieure (1). »

Et comme le tome V de *The Veterinary* a été imprimé à Londres en 1832, il en résulte qu'il y a au moins quarante ans que la rencontre de dix-neuf paires de côtes sur le cheval n'était déjà plus un fait rare pour Youatt.

On lit, à la page 121 de l'*Anatomie* de M. le professeur Leyh (2) :

« Les *vertèbres dorsales* ou *thoraciques* sont au nombre de dix-huit chez le cheval, l'âne et le mulet. »

Et en bas de la même page, en note :

« Exceptionnellement, ce nombre peut varier et l'on

---

(1) Charles Darwin, *De la variation des animaux et des plantes sous l'action de la domestication*, traduit de l'anglais par J.-J. Moulinié, avec préface de Carl Vogt; 2 vol. in-8°; Paris, 1868, chez Reinwald, rue des Saints-Pères, 15; t. Ier, p. 53.

(2) Frédéric A. Leyh, professeur et directeur adjoint à l'École royale vétérinaire de Wurtemberg, à Stuttgart, *Anatomie des animaux domestiques*, traduite de l'allemand sur la seconde édition, par Auguste Zundel, avec additions et notes par Saint-Yves Ménard; 1 vol. in-8; Paris, 1870; chez Asselin, place de l'École-de-Médecine.

trouve alors à côté du nombre normal de vertèbres
lombaires, soit une vertèbre dorsale de plus, soit une
de moins; c'est-à-dire qu'il peut y avoir tantôt dix-
neuf vertèbres dorsales, tantôt seulement dix-sept. »

Or, je dois faire observer que, bien que cette édition
française contienne, comme son titre l'indique, des
additions et des notes de M. Ménard, la note que je
viens de citer a été rédigée par Leyh, ainsi que son tra-
ducteur, M. Zundel, vient d'avoir l'obligeance de me
l'affirmer dans une lettre datée du 2 août 1872.

« Je vous dirai d'abord, m'écrit M. Zundel, que la
note de la page 121 est de Leyh même, et que je l'ai
traduite mot à mot. Je ne puis vous dire sur quels documents il appuie son affirmation. »

M. Leyh écrit plus loin, à la page 127 :

« Le nombre des côtes est en rapport avec celui des
vertèbres dorsales, de sorte qu'il y a généralement dix-
huit côtes de chaque côté, soit en tout trente-six. Chez
le cheval, il y a quelquefois une dix-neuvième paire de
côtes, et cela tantôt avec six, tantôt avec cinq vertèbres
lombaires ; il arrive que la dix-neuvième côte est for-
mée par l'apophyse transverse de la première vertèbre
lombaire. Quelquefois, il part de cette apophyse transverse un ligament qui, plus loin, se réunit à un os
pointu ou à un cartilage» (Müller, *Vierteljahrcssechrifft*,
VII, 1).

M. Zundel m'apprend dans sa lettre que ce dernier
passage, cité par Leyh d'après Müller, avait déjà été re-
produit textuellement dans le *Compte rendu* annuel du
professeur Hering, d'après l'article que M. Franz Müller, professeur d'anatomie à l'École de Vienne, a publié

dans le tome VII du *Vierteljahresschrifft*, ou *Journal tri-mestriel* de cette École. Et d'après les dates affectées aux tome XIII et suivants de cette publication, qui sont seuls en la possession de M. Zundel, il suppose que l'article de M. Müller a été imprimé en 1856.

M. Zundel me dit en outre :

« Dans le *Petit traité d'anatomie* de Zurn (Leipzig, 1869, p. 141), il est aussi question de cas exceptionnels où il y aurait tantôt dix-sept, tantôt dix-neuf vertèbres dorsales sur le cheval. Sans avoir observé le fait, il a sans doute copié Leyh. »

Enfin, M. Zundel me donne la traduction de ce passage de l'*Anatomie* de Franck (Stuttgart, 1871, page 190) :

« Tandis que le nombre 7 est le chiffre constant des vertèbres cervicales chez tous les mammifères (1), le nombre des vertèbres dorsales (et avec elles celui des côtes) est essentiellement variable suivant les espèces. Mais même chez la même espèce animale des différences dans le nombre des vertèbres dorsales ne sont pas jus-

---

(1) Dans le *Journal de médecine vétérinaire militaire*, t. VII, janvier 1869, p. 477, j'ai déjà dit que cette assertion, très-souvent formulée, a été démontrée fausse depuis bien long temps. J'en citerai seulement quelques preuves. — Dès l'an 1828, Desmarest a déjà fait remarquer que la présence de neuf vertèbres cervicales est l'un des caractères de l'une des deux divisions du genre *Bradypus* de Linné, le sous-genre *Achœus* de F. Cuvier, qui comprend l'Aï. (Voyez : *Dictionnaire des sciences naturelles par plusieurs professeurs du Musée d'histoire naturelle et des principales autres Écoles de Paris et de Strasbourg*; t. LII, article *Tardigrades*, p. 257.) Voici ce que Stannius a écrit sur le nombre des vertèbres cervicales

tement de grandes exceptions. Le cheval possède dix-huit vertèbres dorsales, mais parfois il n'y en a que dix-sept, d'autres fois aussi dix-neuf, avec un nombre normal des vertèbres lombaires ou cervicales. »

Et M. Zundel ajoute :

« Dans le cas où il y a dix-neuf côtes, Franck dit que généralement la dix-neuvième côte n'a pas de cartilage de prolongement. »

On a vu dans mon premier mémoire que, dès l'an 1857, M. Chauveau a affirmé l'existence, sur quelques chevaux bien constitués, de dix-neuf vertèbres dorsales avec un nombre égal de paires de côtes ; voici comment il s'est exprimé en 1871, dans la deuxième édition de son *Anatomie des animaux domestiques* :

---

des mammifères, dans son *Anatomie comparée des animaux vertébrés*, dont la préface est datée de Rostock, janvier 1846 : « La portion cervicale de la colonne ne se compose presque toujours que de sept vertèbres, le cou fût-il long, comme chez la girafe, ou très-court, comme chez les cétacés vrais. Il est très-rare qu'il y en ait huit (*Bradypus torquatus*), ou neuf (*Bradypus tridactylus* et *Bradypus cuculliger*, d'après Rapp), ou seulement six. Le *Manatus australis* en a ordinairement six, mais Leukart en a trouvé sept chez un individu, et Blainville indique également ce dernier chiffre. » (*Nouveau manuel d'anatomie comparée*, par Th. de Siebold et H. Stannius, traduit de l'allemand par A. Spring et Th. Lacordaire, professeurs à l'Université de Liége ; 2 vol. in-18, Paris, 1850, à la librairie encyclopédique de Roret, rue Hautefeuille, 10 *bis*. — Tome II, *Animaux vertébrés*, par A. Stannius, professeur à l'Université de Rostock ; livre IV, *Mammifères*, chap. 1er, p. 373-374.) — Enfin, le nombre exceptionnel des vertèbres cervicales chez les *Aïs* ou *Paresseux* a été également signalé par H. Milne-Edwards, en 1834, dans ses *Eléments de zoologie*, p. 382, et par Paul Gervais, en 1855, dans son *Histoire naturelle des mammifères*, t. II, p. 249.

« Il n'est pas rare de rencontrer dix-neuf vertèbres dorsales, avec un nombre égal de côtes, chez les chevaux bien constitués, mais alors il n'existe, le plus souvent, que cinq vertèbres lombaires. Husson, M. Goubaux en ont trouvé quelquefois dix-neuf, avec le nombre normal dans les autres régions. Parfois enfin, on ne compte que dix-sept vertèbres dorsales (1). »

Bien que ce passage soit encore plus explicite que celui de la première édition, j'étais cependant très-désireux de savoir si M. Chauveau a lui-même rencontré des chevaux à dix-neuf paires de côtes, et surtout à dix-sept paires de côtes. M. Chauveau a eu l'obligeance de me renseigner sur le résultat de ses recherches personnelles dans une longue lettre, datée du 3 août 1772, dont je citerai les passages suivants, en soulignant les mots qu'il a soulignés lui-même :

« Sur le point de quitter Lyon et ses environs, je tiens à vous assurer d'une manière générale que tout ce qui a été dit dans mon livre sur les variations du nombre des vertèbres et des côtes a été écrit *pièces en main*. Je ne compte plus les chevaux à dix-neuf côtes que j'ai pu observer. J'en ai certainement vu sept ou huit. Pour les chevaux à dix-sept côtes, je suis beauconp moins riche, car je n'en ai vu qu'un exemple...

» J'avais commencé, il y a seize à dix-sept ans, un

---

(1) A. Chauveau, professeur à l'École vétérinaire de Lyon, *Anatomie comparée des animaux domestiques* ; 2ᵉ édition, revue et augmentée avec la collaboration de S. Arloing, ex-chef de service à l'École vétérinaire de Lyon, professeur à l'École vétérinaire de Toulouse ; 1 vol. in-8°, Paris 1871 ; chez J.-B. Baillière, rue Hautefeuille, 19 ; p. 26, en note.

travail sur la constitution de la colonne vertébrale. J'y
montrais justement que la fixité de cette constitution ne
se retrouve guère d'une manière à peu près absolue que
dans la région cervicale. »

Parmi les pièces anatomiques existant à l'École vétérinaire de Lyon, M. Chauveau me signale deux sque-
lettes, l'un de cheval et l'autre de vache, dont la constitution exceptionnelle de la colonne vertébrale mérite
d'être connue :

« Le squelette de cheval a le nombre normal de vertèbres dorsales et de côtes. Mais il y a sept vertèbres lombaires. La dernière est la première vertèbre sacrée qui
s'est séparée de sa région naturelle pour entrer dans
la composition de la région lombaire. » — Quant aux
vertèbres sacrées : « A coup sûr, la dernière n'est
autre chose que la première vertèbre coccygienne, très-
facile à reconnaître. »

La description que M. Chauveau donne du squelette de vache pouvant servir de pierre d'attente pour
des recherches ultérieures sur la constitution de la colonne vertébrale de l'espèce bovine, je la copie *in
extenso* :

« Le squelette de vache a quatorze vertèbres dorsales
et quatorze paires de côtes. (Vous n'en trouveriez que
treize en ce moment, parce que j'ai dû enlever la dernière paire. Le sujet est placé dans la salle de dis-
section des élèves de première année, et ce nombre
de quatorze paires de côtes était pour eux une cause
d'erreur que j'ai dû faire disparaître.) Les vertèbres
lombaires sont au nombre de six. *Mais le sacrum n'est
composé que de quatre vertèbres.* »

M. Chauveau entre ensuite dans des considérations générales sur la portée de ces exemples de variation, et sur les conclusions qu'il en avait tirées il y a seize à dix-sept ans. Je ne me permettrai pas de faire connaître ces considérations, puisque M. Chauveau n'a pas jugé à propos de les rendre publiques et que leur exposé complet exigerait des développements plus étendus que ceux qu'il a pu me donner dans une simple lettre, développements qu'il n'appartiendrait qu'à lui seul de produire. Mais ce que je ne dois pas laisser ignorer, c'est qu'il termine ainsi ses considérations :

« Je ne sais si je maintiendrais exactement ces conclusions aujourd'hui. Mais les faits sur lesquels elles s'appuient ne sont pas moins *exacts* qu'autrefois. Je vous garantis qu'ils ont été parfaitement observés. »

Quoique j'ignore si l'on a trouvé des faits semblables dans d'autres contrées, les exemples précédents suffisent pour montrer combien sont fréquents les cas de variation dans le nombre des côtes aussi bien que des vertèbres des régions du dos et des lombes.

En effet, le passage précité de la deuxième édition de l'*Anatomie*, de MM. Chauveau et Arloing, et les renseignements que M. Chauveau a bien voulu me donner, prouvent qu'un assez grand nombre de chevaux ayant dix-neuf vertèbres dorsales et dix-neuf paires de côtes ont été observés par MM. Chauveau à Lyon, Goubaux à Alfort, et Husson à Bruxelles, et que plusieurs des ces chevaux avaient le nombre habituel de vertèbres dans les autres régions du rachis. il est permis d'affirmer que MM. Franz Müller, à

Vienne, et Franck, à Stuttgard, ont constaté des faits analogues, puisque chacun des deux auteurs signale, pour quelques-uns des cas où il existe dix-neuf paires de côtes, certaines particularités anatomiques qui portent le cachet de l'observation personnelle et qui diffèrent chez les deux observateurs. Enfin, Youatt, qui a écrit bien des années avant ces cinq professeurs, ne peut point les avoir copiés ; et l'on est forcé d'en conclure que Youatt avait déjà acquis en Angleterre la connaissance de plusieurs faits analogues à ceux qui ont été constatés depuis à Alfort, à Lyon, à Bruxelles, à Stuttgard et à Vienne. Aussi n'est-il pas étonnant que MM. Héring, Leyh et Zurn aient également signalé l'existence de tels faits, soit qu'ils aient pu les observer *de visu*, soit qu'ils aient cru pouvoir s'en rapporter aux auteurs qui les ont constatés. Toujours est-il que l'existence de ces faits est aujourd'hui indéniable, et qu'elle a été parfaitement constatée en France, en Angleterre, en Belgique, en Allemagne et en Autriche.

Si l'on a fréquemment trouvé des chevaux à dix-neuf vertèbres dorsales et à dix-neuf paires de côtes, il est également certain qu'il n'est pas très-rare d'en rencontrer qui n'ont que dix-sept vertèbres dorsales et dix-sept paires de côtes, et que le fait de ce genre signalé par M. Chauveau est loin d'être unique dans la science. Car trente ans avant la publication de ce dernier fait, trois ans avant l'entrée de M. Chauveau comme élève à l'École d'Alfort, Rigot s'était déjà exprimé, à l'égard des chevaux à trente-quatre côtes, en des termes qui prouvent d'une façon indéniable qu'il en a lui-même connu un assez grand nombre de cas.

Rigot dit effectivement, à la page 99 de son *Ostéo-logie* :

« D'autres fois aussi, mais le plus ordinairement dans des chevaux de très-petite stature, on ne trouve que trente-quatre côtes, dix-sept de chaque côté (1). »

Dans le manuscrit qui a servi à l'impression du présent mémoire dans le *Recueil* de l'École vétéri-naire d'Alfort (numéro de novembre 1872) j'ai dit à propos de cette dernière citation :

« Ce texte est tellement explicite qu'il m'a dispensé d'écrire en Allemagne pour savoir si MM. Leyh, Franck et Zurn ont également rencontré des chevaux à dix-sept vertèbres dorsales et à dix-sept paires de côtes, ou s'ils les citent uniquement sur la foi de l'assertion de Rigot qui a écrit avant eux ; car le fait observé par M. Chauveau et la multiplicité des exemples signalés par Rigot sont plus que suffisants pour justifier les conséquences que je veux en déduire et auxquelles il est temps d'arriver. »

Mais aujourd'hui, grâce à une nouvelle lettre de M. Zundel, datée du 10 décembre 1872, j'ai enfin acquis la certitude qu'on a également rencontré hors de France des chevaux à 17 paires de côtes et à 17 ver-tèbres dorsales. En effet, j'apprends à l'instant par

----

(1) *Traité complet de l'anatomie des animaux domestiques*, par Rigot, professeur d'anatomie et de physiologie à l'Ecole royale vétérinaire d'Alfort. — Première partie, *Ostéologie ou Description des os*; 1 vol. in-8°; Paris, septembre 1841 ; chez Béchet jeune et Labé, 4, place de l'École-de-Médecine, page 99.

cette lettre, que M. Muller, professeur d'anatomie à l'École vétérinaire de Vienne, vient de publier une courte notice sur mon 1er *Mémoire sur les chevaux à 34 côtes*, et qu'il dit dans cette notice :

« A cette occasion, le soussigné se permet de faire observer qu'en 1864 on monta pour le musée anatomique de l'École de Vienne le squelette d'une jument âgée de 7 ans, de la race de Lippizza, laquelle n'avait que 17 côtes et 6 vertèbres lombaires; dans l'année 1866, on monta pour le même établissement, le squelette d'un étalon d'origine arabe, lequel n'avait aussi que 17 côtes. — Les deux chevaux étaient de robe de blanche. » (*Vierteljahresschiff*, t. XXXVII, 1872, 2e cahier, p. 186.)

Ainsi, l'existence de chevaux à 17 vertèbres lombaires, est un fait aujourd'hui indéniable, que l'on peut constater *de visu* au musée anatomique de l'École vétérinaire de Vienne, et il ne reste plus qu'à en tirer des déductions rationnelles.

Je ne risque pas de rencontrer beaucoup de contradicteurs en énonçant que l'un des caractères typiques de nos chevaux domestiques actuels, c'est la présence dans le rachis de 7 vertèbres cervicales, 18 vertèbres dorsales sur lesquelles s'appuient 18 paires de côtes, 6 vertèbres lombaires, 5 vertèbres sacrées qui sont soudées ensemble sur les sujets adultes ; enfin, 12 à 15 vertèbres rudimentaires, appelées os coccygiens ou vertèbres coccygiennes et dont la première se soude très-souvent avec le sacrum chez les sujets avancés en âge.

On sait également que, dans chacune des cinq régions rachidiennes, les vertèbres présentent des caractères spécifiques assez accusés pour que, étant donnée une

vertèbre quelconque, il soit toujours facile de détermi-
der à quelle région elle appartient et même quelle place
elle occupe dans cette région.

C'est pourquoi, sur le squelette de cheval dont on a
lu plus haut la description d'après la lettre de M. Chau-
vau, le savant professeur de l'Ecole de Lyon a pu reconnaître avec certitude que la première vertèbre sacrée
s'est séparée de sa région naturelle pour entrer dans la
composition de la région lombaire, et que la première
vertèbre coccygienne est venue se placer dans la région
sacrée avec laquelle elle s'est soudée.

Il est donc évident que la conformation insolite du
rachis de ce cheval consiste uniquement en une simple
transposition d'une vertèbre sacrée dans la région lombaire, et d'une vertèbre coccygienne dans la région
sacrée, phénomène attribuable à une cause pathologique,
ou, si l'on veut, tératologique, dont l'influence pertur-
batrice se serait exercée pendant la vie intra-utérine du
sujet. Par conséquent, le nombre des vertèbres de
chacune des régions rachidiennes étant en définitive
resté le même que sur les autres chevaux, le sujet en
question doit être considéré comme appartenant encore
indubitablement au même type.

Mais, dans les exemples précédemment cités, où le
nombre des vertèbres de toutes les autres régions étant
resté le même que chez les autres chevaux, on a trouvé
19 vertèbres dorsales et 19 paires de côtes, nous n'avons
plus affaire à un simple fait de transposition de vertèbres. Il y a dans chacun de ces cas apparition de nouveaux éléments zoologiques ; il y a une vertèbre dorsale et une paire de côtes en plus ; et il est évident que

tout zoologiste qui rencontrerait dans n'importe quelle région du globe une collection de chevaux présentant cette particularité dans la constitution de la colonne vertébrale n'hésiterait pas à déclarer que ces chevaux appartiennent à un type particulier, parfaitement distinct de nos chevaux domestiques actuels.

Tout zoologiste déclarerait sûrement aussi appartenir à un troisième type équestre, une collection de chevaux qui présenterait, comme ceux qui ont été signalés plus haut, une colonne vertébrale composée de 17 vertèbres dorsales seulement, avec 17 paires de côtes, le nombre des vertèbres des autres régions restant le même que sur nos chevaux actuels. Car, dans ce cas, il n'y a pas non plus un simple fait de transposition, mais il y a réellement élimination d'éléments zoologiques, il y a une vertèbre dorsale et une paire de côtes en moins.

Enfin, tout zoologiste affirmerait de même qu'une collection de chevaux n'ayant que cinq vertèbres lombaires, c'est-à-dire une vertèbre lombaire en moins, avec le nombre normal des vertèbres des autres régions, constituerait un quatrième type équestre.

A ces quatre types de chevaux, ce zoologiste donnerait soit le nom d'espèces, soit le nom de races ; mais, ce qui est certain, c'est qu'il en ferait quatre catégories parfaitement distinctes, ce qui suffit à mon sujet. Et comme je n'ai point à m'occuper ici de classification, j'adopterai les expressions peu compromettantes de *type normal* ou *actuel*, de *type à* 19 *vertèbres dorsales*, de *type à* 17 *vertèbres dorsales*, et de *type à* 5 *vertèbres lombaires*, pour désigner ces quatre catégories de chevaux.

Quoique l'on ne connaisse aucune collection de chevaux des trois derniers types vivant présentement sur la terre, il n'en est pas moins vrai qu'on a rencontré dans ces derniers temps plusieurs spécimens de ces types, et que, malgré leur isolement, ils ont une signification zoologique qui mérite d'être interprétée.

Pour les partisans de la théorie de la fixité absolue des espèces, il n'y a évidemment qu'une explication possible d'un tel état de choses. Les quelques sujets soit à 19 vertèbres dorsales, soit à 17 vertèbres dorsales, soit à 5 vertèbres lombaires, que l'on rencontre quelquefois dans la progéniture des chevaux à type normal, sont une preuve certaine de la primitive domestication de quatre types de chevaux sauvages qui sont nés chacun avec une constitution particulière de la colonne vertébrale. Sous l'action des croisements auxquels les représentants de ces quatre types ont été soumis depuis leur réduction en domesticité, le type normal ou actuel a fini par acquérir l'immense prépondérance qu'on lui voit aujourd'hui ; et quelques chevaux seulement reproduisent encore de temps en temps, par atavisme, les caractères zoologiques des autres types qui ont presque entièrement succombé dans le combat livré pour la transmission héréditaire de ces caractères. Et l'on doit ajouter que cette supposition rend également bien compte de toutes les diverses anomalies de conformation que les anatomistes rencontrent si fréquemment soit dans la région lombaire, soit aux abords antérieurs et postérieurs de cette région, c'est-à-dire précisément sur le champ de bataille où s'est livré le combat pour la transmission héréditaire des caractères zoologiques particuliers à chacun des quatre types de chevaux qui ont été soumis à l'action des croisements.

Si donc la théorie de l'immutabilité absolue des espèces avait la prérogative de réunir l'unanimité des suffrages, je n'aurais plus rien à jouter; la thèse que je soutiens serait démontrée pour tout le monde. Car il est évident qu'après les faits irrécusables que j'ai rapportés, tous les défenseurs de la fixité absolue des espèces vont affirmer d'un commun accord que l'homme a véritablement domestiqué quatre types de chevaux dont l'un était caractérisé par la possession de 17 vertébres dorsales et de 34 côtes.

Mais, malheureusement pour la thèse que je soutiens, la phalange des défenseurs de l'immutabilité absolue des espèces a vu se former dans ces derniers temps de bien larges vides dans ses rangs, et il me reste bien d'autres personnes à convaincre.

Il reste d'abord les nombreux partisans de la théorie du transformisme qui ne manqueront pas de faire observer, avec quelque apparence de raison, qu'il est possible que les choses se soient passées comme le prétendent les partisans de la fixité absolue des espèces, mais qu'il est également possible que les faits que j'ai déjà cités ne soient nullement la conséquence d'un combat pour la transmission héréditaire des caractères zoologiques de quatre types de chevaux qui auraient été originairement domestiqués par l'homme; que ces faits sont de même nature que ceux que l'on a vus se manifester chez certaines races provenant incontestablement d'un seul type zoologique ; et que, par conséquent, il faudrait commencer par prouver que quatre types de chevaux ont véritablement été domestiqués, avant d'expliquer, par l'action de leurs croisements, des faits qui peuvent tout aussi bien s'expliquer autrement.

La validité de ces dernières objections sera sans aucun doute également acceptée par les partisans non moins nombreux de la théorie de la variabilité limitée des espèces, c'est-à-dire par tous ceux qui admettent que cette variabilité est assez considérable pour donner naissance à des races, mais qu'elle ne peut jamais franchir cette limite. Car, l'un des représentants les plus éminents des défenseurs de cette dernière théorie, M. de Quatrefages, tout en combattant la théorie du transformisme dans ses remarquables articles de la *Revue des Deux-Mondes*, a cependant été forcé de reconnaître, d'une part, que toutes nos races de pigeons domestiques descendent exclusivement du biset (*columba livia*); et, d'autre part, que : « les différences qui distinguent les races colombines..... ne s'arrêtent pas à la surface du corps et aux formes extérieures, mais qu'elles atteignent jusqu'au squelette..... ; le bec s'allonge, se recourbe et se rétrécit, ou bien s'élargit et se raccourcit presque du simple au triple..... ; le crâne entier présente, d'une race à l'autre, dans ses caractères généraux, dans les proportions et les rapports réciproques des os, des variations qui frappent au premier coup d'œil.... ; les côtes sont deux fois plus larges dans certaines races que dans d'autres, qui semblent en revanche perdre un de ces arcs osseux ; *le nombre des vertèbres varie dans les deux régions postérieures du corps.*

En résumé, l'importance de ces différences est telle que, si l'on eût trouvé à l'état sauvage et vivant en liberté la plupart des races de pigeons, les ornithologistes n'auraient certainement pas hésité à les considérer comme autant d'espèces séparées devant prendre place dans plusieurs genres distincts (1). »

Il est clair que tous ces cas de variation parfaitement constatés, dans la forme des os du crâne et des autres parties du squelette, ainsi que dans le nombre des *vertèbres sacrées* des races colombines, qui dérivent toutes incontestablement d'une souche unique, le biset, sont de même ordre et quelques-uns même sont plus accentués que les exemples de variation, soit dans la forme, soit dans le nombre des os qui ont été signalés jusqu'ici sur nos chevaux actuels (2). De sorte qu'en présence d'un tel état de choses, si l'on considérait la question uniquement au point de vue de la zoologie, il ne serait pas permis d'affirmer que tous nos chevaux descendent forcément de plusieurs types équestres qui auraient originairement été domestiqués par l'homme (3).

---

(1) *Origine des espèces animales et végétales : Théorie de Darwin*, par de Quatrefages, dans la *Revue des Deux-Mondes*, numéro du 1ᵉʳ janvier 1869, p. 212-213.

(2) On sait que la région sacrée des oiseaux représente les régions sacrées et lombaires des mammifères; ou, si l'on aime mieux, qu'il n'y a pas de région lombaire chez les oiseaux : ce qui indique assez la haute importance de la région sacrée chez ces derniers.

(3) Aussi ne suis-je que médiocrement étonné de lire dans la dernière lettre de M. Zundel, datée du 10 décembre 1872 : « Dans le nouveau *Traité d'anatomie* de Gurlt, dont MM. Leisering et Muller (de Berlin) viennent de faire paraître une nouvelle édition, je lis p. 36 que le nombre des vertèbres dorsales est de

«Mais en reconnaissant que les considérations purement zoologiques n'entraînent pas forcément la néces-
sité d'une domestication primitive de plusieurs types
de chevaux, et qu'elles se bornent à en indiquer la pos-
sibilité, je n'en suis pas moins conduit à admettre la
réalité de ce fait par tout un ensemble d'autres considérations dont la concordance achève d'en donner la démonstration.

Voyons d'abord si, de l'analogie des faits de variation qui ont été observés sur les pigeons et sur les
chevaux domestiques, on est vraiment autorisé à tirer
des conclusions identiques relativement aux époques
où ces variations ont apparu.

Les pigeons étaient déjà domestiqués sous la V° dynastie égyptienne, c'est-à-dire vers l'an 4800 avant Jésus-
Christ, d'après la chronologie que j'adopte, et vers l'an
4000 avant Jésus-Christ, suivant M. Mariette, qui adopte
ici la date la plus récente qu'il soit possible d'assigner
à l'avénement de cette dynastie. Pline nous dit, dans
son *Histoire naturelle*, liv. X, chap. LIII : « Bien des gens
se passionnent même pour ces oiseaux..... Ils racontent
la généalogie et la noblesse de chacun d'eux... Varron
écrit qu'avant la guerre civile de Pompée, Axius, che-
valier romain, vendait ses pigeons quatre cents deniers
(360 francs) la paire. » Et l'on peut voir dans l'ouvrage
précité de M. Darwin, t. I, p. 216-224, que depuis fort

---

18 chez le cheval; qu'on en a vu quelquefois 17, d'autres fois 19,
mais que ce sont des exceptions ; qu'il est plus fréquent de ne
rencontrer que 5 vertèbres lombaires au lieu de 6, mais que
cela n'implique pas comme l'admet M. Sanson qu'il y a deux
espèces de chevaux arabes.

longtemps et dans beaucoup de pays on s'est également
adonné avec passion à l'élève des pigeons.

Or, si l'on considère que, depuis si longtemps, ces
passionnés éleveurs de pigeons se sont proposé, non pas
uniquement d'améliorer le type originel dans un but
d'utilité, mais surtout de modifier les sujets en variant
à l'infini toutes les conditions de leur mode d'existence ;
qu'ils se sont constamment appliqués à conserver et à
accroître les moindres variations qu'ils ont vues se produire dans ces circonstances ; enfin, que la mode, la
fantaisie, le caprice, ont seuls décidé du mérite attribué
à ces oiseaux, qui ont toujours été recherchés en raison
directe de l'excentricité des particularités qui se sont
manifestées soit dans leur organisation, soit dans leurs
habitudes ; si l'on réfléchit à tout cela, on admettra sans
doute avec M. Darwin que les pigeons se sont trouvés,
plus qu'aucun autre animal domestique, dans des conditions extrêmement favorables à la modification des
formes ; et l'on s'expliquera pourquoi, dans le cours
des siècles, les éleveurs de pigeons sont parvenus à tirer
d'une souche unique une aussi grande variété de races
si diverses, si dissemblables, dont quelques-unes sont si
bizarres, j'allais dire monstrueuses.

Mais le cheval n'a jamais été soumis, comme le pigeon,
à une culture intensive ayant pour but de faire naître,
de conserver et d'accroître des formes de plus en plus
divergentes recherchées avec passion par des amateurs
fantaisistes. Le cheval est uniquement estimé pour
son utilité ; l'homme a simplement cherché à l'ame-
liorer pour le rendre de plus en plus apte aux
genres de services peu variés auxquels il l'a destiné.

C'est pourquoi, loin de chercher à rendre héréditaires les singularités de conformation qui ont pu se montrer chez quelques individus, les éleveurs de chevaux ont, au contraire, constamment éloigné de la reproduction les sujets chez lesquels ils les ont observées.

Ainsi les pigeons et les chevaux ont été soumis à des pratiques zootechniques tout à fait différentes et dont, par conséquent, les résultats ne peuvent point avoir été les mêmes.

Sous l'influence de certaines pratiques zootechniques, le biset a incontestablement donné naissance à toutes nos races si nombreuses et si dissemblables de pigeons domestiques.

Mais des faits de variation d'une aussi haute importance que des différences dans le nombre des vertèbres ne semblent pas avoir pu être produits par le genre de pratiques zootechniques dont le cheval a été l'objet. Ces faits paraissent donc se rattacher à un ordre de choses antérieur à la domestication de cet animal, et indiquer que l'homme a véritablement soumis plusieurs types de chevaux.

C'est ce que viennent encore corroborer des considérations d'un autre ordre.

Quoique la paléontologie ait jusqu'ici été impuissante à prouver que l'homme a domestiqué plusieurs types de chevaux, elle montre au moins qu'en divers lieux il a assujetti divers types de quelques-uns des autres animaux qu'il avait sous la main dès l'époque de la pierre polie : elle ne laisse notamment aucun doute sur la domestication de plusieurs types de chiens, de bœufs et de porcs. Or, comme, parmi les nombreuses espèces de chevaux fossiles, divers types qui sont rapportés à notre espèce actuelle ont incontestablement vécu en divers endroits du globe côte à côte avec l'homme, qui les a chassés et mangés pendant toute la durée des âges de la pierre taillée et de la pierre polie, il est évident que l'homme primitif, qui a domestiqué divers types des autres animaux qu'il avait sous la main, a de même pu et dû essayer de domestiquer quelques-uns de ces types équestres, soit à la fin de l'âge de la pierre polie, soit au commencement de l'époque du bronze, époque où l'on voit apparaître le cheval réduit en domesticité.

Enfin, ce qui achève de prouver qu'il en a été ainsi, ce qui me permet d'affirmer que l'homme a véritablement assujetti plusieurs des types de chevaux sauvages avec lesquels il a vécu en différents lieux, c'est, indépendamment de certains indices archéologiques encore trop vagues pour être exposés ici, la comparaison de la constitution du rachis de nos chevaux actuels avec la constitution de la colonne vertébrale des chevaux des Aryas védiques telle qu'elle est donnée dans le Rig-Véda. Car j'ai démontré dans mon premier mémoire l'authenticité du texte qui contient l'énoncé de ce dernier fait; et l'on ne peut plus m'objecter aujourd'hui qu'il faut autre chose que de l'érudition et de la dialectique pour établir la réalité de ce fait, puisque l'observation est venue prouver qu'il existe encore actuellement des exemples de chevaux à 17 vertèbres dorsales et à 34 côtes, comme ceux qui ont été signalés par Dirghatamas. La confirmation matérielle de l'assertion du poëte védique, que je réclamais dans mon premier mémoire, est donc enfin trouvée, et elle réduit à néant tous les arguments au moyen desquels on a essayé de révoquer en doute la réalité de l'existence d'un type de chevaux à 34 côtes chez les Aryas de l'époque védique. Or, ces chevaux appartenaient bien à un type distinct de nos chevaux actuels, et personne ne sera tenté d'admettre que, dès cette époque si primitive, ils avaient déjà pu perdre une vertèbre et une paire de côtes depuis l'époque de leur domestication, sous l'influence des pratiques zootechniques asez peu perturbatrices des Aryas védiques.

En résumé, de la comparaison des documents exposés dans mes deux *Mémoires sur les chevaux à trentequatre côtes* avec ceux des passages de mon livre qui sont relatifs à l'histoire du cheval chez les Aryas primitifs, il ressort donc avec la dernière évidence que l'homme a domestiqué plusieurs types de chevaux sauvages, et que l'un de ces types, dont l'un des caractères était la possession de 17 vertèbres dorsales et de 34 côtes, habitait les hauts plateaux de l'Asie centrale, entre les monts Himalaya et l'Altaï, lorsque nos ancêtres les Aryas l'ont réduit en domesticité.

Il est vraisemblable que ces divers types de chevaux, présentant des caractères spécifiques aussi tranchés que des différences dans le nombre des vertèbres, offraient également des différences dans quelques-unes, sinon dans toutes leurs parties externes et internes ; et l'on conçoit ainsi que toutes nos races chevalines aient été produites par l'action des croisements de ces types, à laquelle se sont ajoutées les influences des nouvelles conditions d'existence qui, de leur côté, ont aussi contribué dans une certaine mesure à modifier les formes et surtout à faire varier la taille et le volume.

On peut donc espérer que, lorsque les collections de paléontologie hippique seront plus complètes, une étude sérieuse des types fossiles comparés aux types actuels permettra, jusqu'à un certain point, de déterminer quelle était la physionomie des types qui ont été originairement domestiqués, et de reconnaître quelle a été la part des croisements et des influences de milieu dans la formation de nos races chevalines domestiques (1).

Quoique la question en litige me paraisse définitivement résolue par l'exposé des documents qui précèdent, j'ajouterai quelques lignes de réponse directe aux récentes objections de MM. Hering et Sanson, au risque d'augmenter encore l'ennui de la lecture de ce mémoire déjà long.

Je ferai donc remarquer à M. Sanson qu'il n'est pas probable, ni même possible, que les anciens Hindous aient considéré la première côte de chaque côté comme une clavicule, sur les animaux domestiques ; parce que, dans ce cas, il faudrait admettre que le nombre de côtes de leurs chèvres et autres animaux analogues, vaches

---

(1) Je n'ai pas cru devoir parler d'un type caractérisé par la possession de dix-neuf vertèbres dorsales et cinq vertèbres lombaires, parce qu'il est possible que la composition des rachis, dans lesquels ces deux nombres de vertèbres existent simultanément, soit la conséquence du croisement du type à dix-neuf vertèbres dorsales avec le type à cinq vertèbres lombaires; question sur laquelle l'étude ultérieure de la forme des os jettera peut-être quelque lumière.

et brebis, eût été de 28, au lieu de 26 qui est le nombre qu'ils leur assignent comme je l'ai montré dans
mon premier mémoire, et qui était évidemment le nombre vrai, alors comme aujourd'hui, ainsi que le démon-
tre péremptoirement la concordance de cette assertion
des anciens Hindous avec les observations zoologiques
contemporaines.

Quant à la supposition que Dirghatamas ait pu se
laisser entraîner à se servir du mot trente-quatre, au
lieu du mot trente-six qui a une syllabe de moins en
sanscrit, uniquement pour satisfaire aux exigences de
la prosodie, elle paraîtra d'autant moins vraisemblable
que Dirghatamas était un grand fabricateur d'hymnes,
et que par conséquent il n'eût été nullement embarrassé
pour faire entrer le mot trente-six dans un vers s'il en
eût eu besoin. Du reste, M. Sanson reconnaîtra sans
doute, aujourd'hui, que Dirghatamas n'avait vraisem-
blablement pas besoin de faire entrer ce mot trente-six
dans son hymne de l'Açwamêdha. Car, puisque la rencontre de 5 vertèbres lombaires sur quelques-uns de
nos chevaux actuels a suffi à M. Sanson pour lui faire
admettre l'ancienne existence d'un type équestre n'ayant
possédé que ce nombre de vertèbres lombaires, le fait
non moins irrécusable de l'existence de plusieurs chevaux ayant, de nos jours, possédé seulement 17 vertèbres dorsales et 34 côtes, doit le conduire forcément à
admettre également qu'il a autrefois existé un type de
chevaux caractérisé par cette conformation particulière
du rachis; et il avouera sans doute qu'il est au moins
aussi rationnel de faire vivre ce type à 34 côtes chez le

peuple qui en a fait mention que chez ceux qui n'en ont jamais parlé (1).

Si je voulais opposer de vaines arguties aux objections de M. Hering, dont la traduction française précitée porte que : « le nombre total des os (humains) énumérés séparément est loin d'atteindre celui de 360 donné dans le verset 84 (du livre III, du code de Yagnavalkia), par conséquent l'addition n'est pas seulement exacte », je pourrais lui répondre que j'ai eu la curiosité de refaire cette addition plusieurs fois et de différentes façons; que le nombre de tous les os énumérés est *exactement* de 361. De sorte que ce nombre, qui est représenté par M. Hering comme étant « loin d'atteindre celui de 360 donné dans le verset 84 », est au contraire trop fort d'une unité ; et que, par conséquent, l'addition serait exacte sans le malencontreux os du pénis qui figure dans le verset 88.

Mais puisqu'en retranchant cet os du pénis, ce qui serait de toute justice, l'addition rendue exacte n'empêcherait pas l'énumération en question d'être radicalement fausse et du dernier ridicule, j'aime mieux reconnaître de suite que, rencontrant ici un auteur hindou des temps brahmaniques en flagrant délit d'inexactitude, M. Hering ait pu à toute rigueur m'opposer ce fait, en dénégation de la conclusion que j'ai tirée d'une assertion

---

(1) De ce que les Aryas ont incontestablement domestiqué dans l'Asie centrale, et emmené dans leurs migrations, une race de chevaux n'ayant que trente-quatre côtes, je suis loin d'en conclure, bien entendu, que d'autres régions du globe ne puissent avoir possédé de leur côté d'autres races de chevaux n'ayant également que ce nombre de côtes.

formulée par un auteur védique, c'est-à-dire d'un âge antérieur aux temps brahmaniques.

Cependant au point de vue d'une saine critique, l'objection de M. Hering n'a pas toute la portée que quelques personnes seront sans doute tentées de lui attribuer.

C'est ce que je me crois obligé de montrer, d'autant plus que M. Hering parle également « des preuves nombreuses du défaut de connaissances anatomiques qui se trouvent dans les Védas. » Car, tout impuissant qu'il soit à diminuer la valeur des arguments exposés dans mes deux mémoires et dont l'ensemble constitue la démonstration irréfragable des faits que j'y ai énoncés, le jugement de M. Hering sur cette face particulière de la littérature sanscrite pourrait néanmoins, aux yeux des personnes peu initiées à l'étude de cette littérature, jeter du discrédit sur la partie de mon livre qui a trait à l'histoire du cheval et de l'âne chez les Aryas, et qui est uniquement basée sur des faits rapportés dans le Rig-Véda, ou sur des considérations philologiques relatives à certains mots tirés de ce livre. Or ces personnes sont encore fort nombreuses, même dans la classe éclairée de la société, parce que cette étude ne date pour ainsi dire que d'hier.

Je dois donc faire observer qu'on rencontre dans la littérature sanscrite, surtout dans celle des temps brahmaniques, des idées plus chimériques et des récits plus fantastiques et plus extravagants que dans n'importe quelle autre littérature, même orientale, ce qui n'est pas peu dire.

C'est donc surtout ici qu'il est important de savoir choisir ses documents, si l'on veut se borner à présenter

le tableau vrai de l'histoire physique de la nation hindoue, et non celui des aberrations les plus excentriques
de l'esprit humain, que l'on a quelquefois décorées de
noms plus pompeux, mais qui en définitive, ont, postérieurement à l'âge védique, conduit le peuple hindou dirigé par les brahmanes constitués en colléges de prêtres,
à l'état de décadence dans lequel il végète depuis tant
de siècles, et dont ses frères d'Occident auront bien de
la peine à le relever.

Quant à moi, ayant cédé comme tant d'autres au courant qui nous pousse à la recherche de nos origines, et
ayant essayé d'élucider l'histoire des origines du cheval
domestique qui ne me paraît pas être le côté le moins
important ni le moins attrayant de l'histoire des premiers âges de l'humanité, mon attention a naturellement été attirée sur la partie la plus ancienne de la
littérature sacrée des Hindous ; vaste ensemble d'ouvrages que l'on désigne habituellement sous le nom
général de *Védas*, et qui comprend, outre les quatre
anciens grands recueils d'hymnes (*Rig-Véda, Yadjour-
Véda, Sâma-Véda, et Atharva-Véda*), une foule d'autres
ouvrages de commentaires et d'exégèse (*Brâhmanas,
Soûtras, Pouranas*, etc.) qui sont d'une date beaucoup
plus récente.

Mais pour l'historien des temps primitifs, le seul
Véda important, le seul vrai, c'est le Rig-Véda, que l'on
désigne assez souvent sous ce simple titre : *le Véda* ; et
c'est le seul sur lequel j'aie cru devoir m'appuyer pour
écrire l'histoire primitive du cheval chez les anciens
Hindous. C'est qu'en effet, bien que se rapportant à l'histoire de l'un des peuples les plus anciennement civi

lisés, le Rig-Véda nous représente cependant ce peuple dans une période de civilisation plus primitive que toutes celles qui ont été dépeintes dans les plus anciens livres de toutes les autres nations. Si l'on ajoute que le Rig-Véda est pour les Hindous ce que le Pentateuque est pour les Israélites ; qu'il est pour eux le livre sacré par excellence ; que par cela même, il a été de tout temps l'objet d'une vénération toute particulière qui a assuré la conservation intégrale de son texte ; que l'on connaît en effet des livres écrits en sanscrit vers l'an 600 avant Jésus-Christ , où sont déjà comptés chaque hymne, chaque vers, chaque syllabe du Rig-Véda tel que nous le possédons aujourd'hui, avec l'indication du mètre des vers de chacun des hymnes, des auteurs qui les ont composés, et des divinités auxquelles ils sont adressés ; on concevra toute l'importance, au point de vue historique et philologique, d'un livre dont le texte offre une telle garantie d'authenticité, et qui a été écrit par les contemporains d'une civilisation si primitive et si antique (1).

Toutefois, je suis loin de prétendre qu'on doive ac-

----

(1) On peut consulter entre autres ouvrages sur la littérature sanscrite et sur les Védas : *Notice sur les Védas*, par Colobrooke, traduite par Pauthier, et insérée dans les *Livres sacrés de l'Orient,* 1 vol. grand in-8o, Paris, Firmin Didot frères, 1841. — La préface du *Rig-Véda*, traduit par Langlois. 4 vol. in-8o, Paris, Firmin Didot frères, 1848-1851. — *Histoire de la littérature des Hindous*, par Louis Énault, 1 vol. grand in-8o, Paris, A. Durand,. 1860. — *Essai sur le Véda*, par Émile Burnouf, 1 vol. in-8o, Paris, Dézobry, 1863. — *Essais sur l'histoire des religions*, par Max Muller, traduit de l'anglais par George-Harris, 1 vol. in-8o, Paris, Didier, 1872.

cepter sans examen tous les documents contenus dans le *Rig-Véda*. Car, si beaucoup d'hymnes font souvent de la vie réelle des Aryas une peinture aussi naïve que poétique et empreinte au plus haut degré du cachet de la vérité, beaucoup d'autres portent déjà la marque des tendances chimériques d'un esprit dont le mysticisme croissant a fini par livrer ce peuple, si bien doué à l'origine, à l'influence pernicieuse des brahmanes organisés en colléges de prêtres.

Mais ce que je puis assurer, c'est qu'on ne trouve pas dans le *Rig-Véda* les preuves nombreuses du défaut de connaissances anatomiques, que M. Hering a rencontrées dans certains autres ouvrages auxquels on donne également le nom de *Védas;* car la mention des trente-quatre côtes du cheval dans l'hymne de l'Açwamêdha est la seule que j'aie remarquée dans le *Rig-Véda*, et je doute fort qu'il en existe beaucoup d'autres dans ce livre que j'ai eu la patience de lire en entier.

Quant à l'énumération des os humains, citée par **M.** Hering d'après le *Code de Yagnavalkia*, et qui commence par cette phrase du verset 84, relative au fœtus : « Ses six corps ont aussi six enveloppes, et également six membres et trois cent soixante os, » si je l'eusse rencontrée dans mes recherches, l'étrangeté de son début aurait suffi pour me montrer à quel genre d'auteur j'avais affaire. J'aurais compris de suite que les études d'un auteur capable de voir six corps, six enveloppes et six membres dans le fœtus humain, avaient sûrement eu pour objet des choses beaucoup plus importantes, à ses yeux, que l'anatomie descriptive; je me serais, en conséquence, empressé d'abandonner ce brahmane vision-

naire aux rêveries insensées de son anatomie allégorique
et apocalyptique ; et je serais allé demander ailleurs
des renseignements positifs sur la véritable composition
du squelette des anciens Hindous.

Je ne crois donc pas qu'il soit possible d'établir aucune
espèce de comparaison entre cet étrange document et
l'hymne de l'Açwamêdha, dont les vingt-deux versets
sont presque exclusivement consacrés à la description
si minutieuse, si précise, si plausible de toutes les pratiques requises pour la stricte exécution des rites pres-
crits dans la cérémonie du sacrifice du cheval.

Ce qui tendrait d'ailleurs à prouver que je n'ai pas
fait preuve d'une complète inhabileté dans le choix de
tous mes documents historiques, c'est que l'un d'eux
vient d'être le point de départ de la démonstration aujourd'hui irrécusable d'un fait qui ne manque pas
d'importance pour l'étude zoologique du cheval, et qui
sans cela risquait fort de rester encore longtemps ense-
veli dans l'oubli.

Enfin, je ferai remarquer, en terminant, que dans
toute cette démonstration j'ai fait uniquement œuvre
d'érudition, et pas autre chose ; car je n'ai pas plus
constaté *de visu* les exemples de variation observés de
nos jours sur nos chevaux, que je n'ai vu les chevaux à
trente-quatre côtes des anciens Aryas. Ce qui prouve
que le rôle de l'érudition dans les sciences, même dans
celle des êtres organisés, n'est pas aussi restreint que
certaines personnes, même très-érudites, tendraient à le
faire supposer.

L'objet de l'érudition est en effet la connaissance de
tous les faits de tout ordre qui ont été constatés dans le

cours des siècles, et sur tous les points du globe, par tous les observateurs anciens et modernes. Aussi, chez tous les savants, même chez ceux qui ont le plus observé par eux-mêmes, la part des connaissances qu'ils doivent à leurs observations personnelles est bien minime comparativement à celle dont ils sont redevables à l'érudition. C'est par l'érudition seule que tout homme qui veut s'occuper de science peut aujourd'hui profiter de l'expérience des siècles et des nations, et qu'il lui est possible de partir d'un point plus élevé que celui où se trouvait placé à l'origine l'homme sauvage le plus primitif. Par conséquent, quoique l'érudition soit sujette à l'erreur comme l'observation directe et comme tout ce qui tient à l'humanité, quoiqu'elle y soit surtout exposée parce qu'elle ne peut contempler les objets eux-mêmes, mais seulement leur image réfléchie, elle n'en a pas moins une utilité absolue dans la science ; et il serait d'autant moins opportun de chercher à la déprécier, que l'érudition n'est pas précisément le péché capital de notre nation.

9 782329 658063